我的第一本
科学漫画书
儿童**百问百答** 16

昆虫

图书在版编目(CIP)数据

昆虫 / (韩) 金贤民著；苟振红译. —— 南昌：二
十一世纪出版社, 2013.6(2018.8重印)
(我的第一本科学漫画书. 儿童百问百答)
 ISBN 978-7-5391-8630-6

Ⅰ.①昆… Ⅱ.①金… ②苟… Ⅲ.①昆虫–儿童读
物 Ⅳ.①Q96-49

中国版本图书馆CIP数据核字(2013)第087142号

版权合同登记号 14-2007-145

我的第一本科学漫画书
儿童百问百答·昆虫　　[韩]金贤民 / 文图　　　苟振红 / 译

责任编辑　屈报春
美术编辑　陈思达
出版发行　二十一世纪出版社
　　　　　(江西省南昌市子安路75号　330009)
　　　　　www.21cccc.com　cc21@163.net
出 版 人　张秋林
承　　印　江西宏达彩印有限公司
开　　本　720mm×960mm　1/16
印　　张　12.5
版　　次　2011年6月第1版　2013年6月第2版
印　　次　2018年8月第22次印刷
书　　号　ISBN 978-7-5391-8630-6
定　　价　30.00元

赣版权登字 –04-2013-274

我的第一本科学漫画书

儿童百问百答 16

[韩]金贤民 / 文图　苟振红 / 译

昆虫

21 二十一世纪出版社
21st Century Publishing House
全国百佳出版社

看趣味问答,进入妙趣横生的科学世界!

科学是理解世界的手段。远古时代的人类始终无法理解的许多自然现象，在如今的我们眼中不过是简单的基础知识，这就是科学的力量。假如没有历史上的那些科学家，恐怕现在的我们也会过着与原始人相类似的生活。科学源自人们想知道"为什么"的好奇心，因此，失去了世界的好奇心，科学也就无法更好地发展。

"了解才有感觉，感到才能看见"，平日无心经历的那些事物，稍加了解我们就会生出新的兴趣。

少年儿童比成年人的好奇心重，非常容易全神贯注于一种事物中。但假如他们所关注的对象比想象中的难，又很容易产生厌倦。为了使少年儿童培养新的兴趣、持续关注世间万物，我们编写了这套简单易懂、趣味横生的书。希望大家能够在与捣蛋鬼主人公一起经历各种离奇事件的同时，变成科学常识丰富的少年。少年朋友们也可以以这些常识为跳板，向着更艰深的科学世界迈进。

金显民
2006年7月

昆虫

植物

出场人物

小 古

昆虫研究所的所长,自称是昆虫村的大能人。

虽然很努力地解决树林中的事件，但身为捣蛋鬼的

他也常常引起各种事件的发生。

希望自己成为昆虫学者,最大的兴趣是白天睡大觉。

小 蜥

小古独一无二的蜥蜴朋友。

与小古组成了解决事件的梦幻组合，

但会在食物面前对小古大打出手。

最大的兴趣是折磨小古!

1

昆虫

独角仙生活在什么地方？

这儿有个独角仙的包裹，你能帮我转交给它吗？

实在是找不到它的住处。

是……

你知道独角仙住在哪儿吗？

嗯，独角仙大都生活在橡树林中。

因为独角仙吸食橡树的汁液为生，

所以找到橡树就行了，假如不好找橡树的汁液……

那就这样做，在橡树上抹上香蕉。

擦
擦

然后必须等到天黑。因为独角仙是夜行昆虫，所以太阳落山后才开始活动。

嘿嘿……没想到挺容易的。

好，那我们去找它吧！

独角仙是夜行昆虫，白天在落叶或地底下睡懒觉，到了晚上才开始活动。独角仙喜欢吃营养成分高、味道甜美的橡树汁液，饲养独角仙时也可以喂食一种叫昆虫果冻的昆虫专用食物。独角仙常常在飞行时撞到树上，这是由于它视力很差的缘故。

独角仙与鹿甲虫打架谁会赢？

昆虫村

橡树汁任何时候都是这么好吃。

呲呲
呲呲
呲呲

好，都给我停下！从现在开始这棵橡树的汁液都归我了！

？ 噌

让开！

啊，是独角仙。

呃啊！

哼！那可不行，你为这些橡树汁纳税了吗？

鹿甲虫，加油！

啧啧，鹿甲虫，你想和我这树林中最强壮的昆虫打一架吗？

呵呵……

昆虫研究所

呼噜噜

吧嗒吧嗒

丁零零

啊！

喂……喂？这里是小古的昆虫研究所。这个那个……

小古啊，大事不妙了！

到底发生了什么事啊？

我在橡树林，这儿已经开战了。快点来吧！

呃咦哟，好困。

嗒

就是它们,你快劝劝吧!

嗯……很激烈吗?

你今天输定了,独角仙。

嗒

嗒

鹿甲虫,别高兴得太早了。

为什么要抢夺我们的橡树汁?

哼!这是个弱肉强食的世界,你不知道吗?

嘿嘿,独角仙和鹿甲虫原本就常常为橡树汁打架。

所以没必要为这事儿大惊小怪的。

啊哈,这样啊。

?

嘀嘀咕咕

冲我发什么火呀……

跟跄

跟跄

走着瞧吧。

一个月后

你听说了吗？鹿甲虫输给独角仙以后，在家进行了一个月的特训。

特训？

举起

咔咔咔

知道厉害了吧？

我错了，求你饶了我这一次吧。

现在你不是我的对手了！哈哈哈！

橡树汁是独角仙和许多昆虫爱吃的食物,强壮的独角仙有时会将力气小的其他昆虫赶跑,从而独享橡树汁。所以鹿甲虫常常会与独角仙展开争夺食物之战。长着一只大角的独角仙身披厚厚的盔甲,样子像极了古代的将军。因为这样的长相,所以才称它是"甲虫之王"。

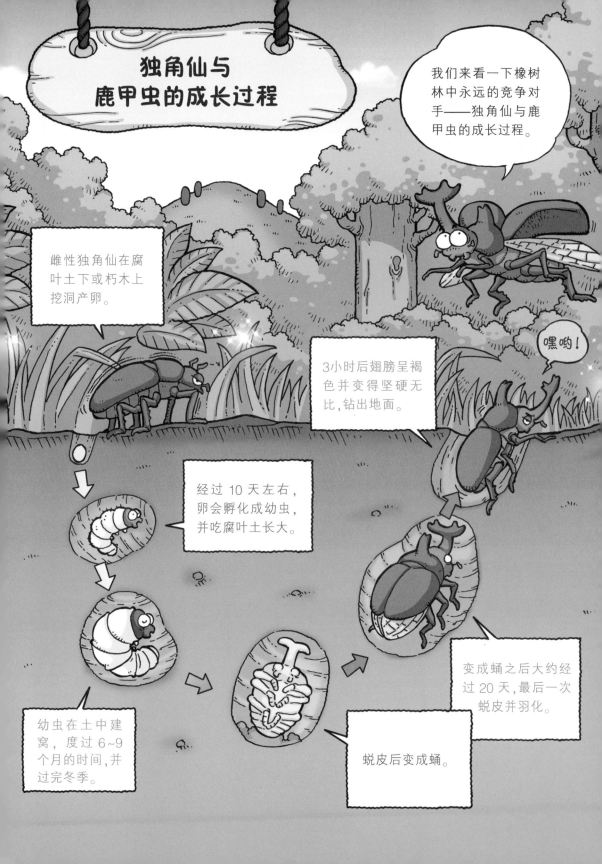

独角仙的饲养方法

要想遇到独角仙,必须在 6~9 月份时去杂木林(多种阔叶树一起生长的阔叶林区)。

抓独角仙的办法

准备好香蕉汁。

白天将香蕉汁涂在树林中的栎树或橡树上。

傍晚或凌晨找到那棵树就可以发现独角仙。

将独角仙装入准备好的笼子中。

独角仙的喂养食物

香蕉、苹果、菠萝、昆虫果冻。

独角仙的家

——一个饲养箱中饲养 1 只雄独角仙、2~3 只雌独角仙最为理想。

——将饲养箱放在阴凉处。

——由于独角仙力气很大，所以上方应放置一块砖头以防它逃出。

——装上通风良好的盖子。

——不时给独角仙喷水。

——夜晚放入水果，等第二天早上独角仙钻入碎木屑时将水果取出。

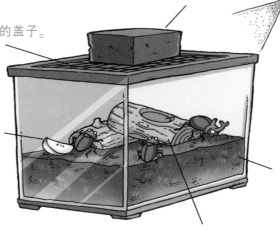

——铺好碎木屑或腐叶土。

——放入一段橡木或栎木。

饲养幼虫

薄木板

报纸

幼虫

碎木屑及腐叶土

最好将饲养瓶放在阳光直射不到的温暖房间内。经常将幼虫拿出来查看可能会导致成虫个头很小，所以每 2~3 周拿出一次为佳。

看什么看？

羽蛾的幼虫面临危险时会怎样做?

阳春三月,春光明媚的一天。我,屁步甲放学后走在回家的路上。

啦啦啦……

突然一个可恶的流氓挡住了我前进的道路!

噜～

喂!

好像是顿美味啊……

咕嘟

哇啊!是……是螳螂!

晕乎

晕乎

螳螂刚想攻击我，我就以迅雷不及掩耳之势从肛门附近的分泌腺中喷出了炽热的液体。

嘣

哎咦！

然后头也不回一路狂奔。

嗖

摇晃

摇晃

嘎啊！

怎样？这就是我的英勇传奇。

说白了，我的武器就是毒气。

哦哦，真了不起！

你真勇敢啊！

"偶尔我也很勇敢"网络离线聚会

呃……呃……

我是蜻象，我面临危险的时候啊……

砰

会从后胸发出恶臭的气味。

这样……

噗

咻

咻

哇啊,你也很了不起!

那个,我是瓢虫……

嘿嘿……过奖了。

我面临危险时会这样装死,并从腿部散发出没味道的液体。

那样敌人就会误以为我没味道,就会放过我了。

那下一个轮到羽蛾的幼虫你了。

哦……我?

嗯……我……

什么嘛,无话可说吗?

那你到这儿来干什么?

可能会吓到你们的……我遇到攻击时会这样蜷缩着身体……

然后变成蛇的样子吓唬敌人。

怎样？恐怖吧？

呃啊啊！快跑吧！

呼 嗒 嗒

嘶

嘶

嘿嘿……看来这些家伙们真害怕了啊。

下次别冲我吵吵了。

身后有真的蛇……

......

哦耶♪

呼呼，我更恐怖吧。

呃啊啊

捕蛇人

但是蛇的背后还有更恐怖的捕蛇人……

由于昆虫的身体小力气弱，所以昆虫们有各种各样的方法，保护自己不受天敌的伤害。有的像放屁虫一样使用炽热的液体，也有的像蜜蜂一样使用锋利的针。螳螂的自我保护方法是：在草木间静止不动或像风吹动的草一样移动。

昆虫的皮肤是怎样形成的?

打倒我的话能得到
1000 块!
打一次 100块。

♪

啊,打倒你真的给钱吗?

我不开玩笑的!

打倒我

嘿嘿嘿……它是不知道我拳头的厉害啊。

赚点零花钱吧?

我会手下留情的。

当嘟

嘿呀!

啪

啪

呃呃,没想到很坚硬啊!这小子很经打嘛。

好好的

火辣辣
火辣辣

好吧,再来一次!

再一次!

再……再来。

我走了!

啪

啪

啪

啪

昆虫是无脊椎动物中身体分节的节肢动物,约3亿5000万年前出现于地球上。昆虫的全身分为头、胸、腹三部分,头部有一对触角。到目前为止有记录的昆虫达到80万种,占全世界动物总数的四分之三。

有与人类基因相似的昆虫吗？

啊哟,真好吃。

啊,这只果蝇正在吃我的苹果呢。

啊,被逮住了。

这下你死定了!

稍……稍等一下,我有话要说!

什么话?

其实你和我是堂兄弟关系啊,所以你不能打我。

哆嗦

咣当

抖

别说那些不着边际的话了!还堂兄弟……

不相信的话就跟我来吧。

嗡 嗡

呵呵……其实果蝇与人类有很多相似的基因，也可以说是堂兄弟。

所以科学家们用果蝇的基因进行研究，对研究人类的疾病与遗传基因有很大的帮助。

哦，原来如此。

昆虫博士嗡博士

看，我说得对吧？

我原先不知道……果蝇啊，对不起。

哈哈哈……

以后好好相处吧，堂兄！

抱紧

啊！救命啊！

对不起，堂兄。

别……过来，我不想做你的堂兄了。

医药箱

果蝇

果蝇的大小约为2~3毫米，全世界约有2000种。因为果蝇有70%的遗传基因与人类相似，预计将来会对研究人类的疾病或遗传起到很大的帮助。研究果蝇尤其对发展速度缓慢的神经性疾病、慢性疾病等的研究会非常有效。

红娘华如何呼吸？

红娘华,有你的包裹,出来拿一下吧。

怎么?不在吗?不对啊……

看这只管子它应该在家啊……

红娘华将尾巴上细长的呼吸管伸出水面进行呼吸。所以只要看见这只管,就知道红娘华在家了。

呼吸管。

红娘华吸食小鱼的体液。

红娘华,有你的包裹啊,快点出来。

红娘华…

10分钟后

为什么在家也不出来!

是想和我较劲吗? 那样的话我也有我的招数。

红娘华在游泳或捕食时，前腿会像敲鼓一样移动。红娘华一般藏匿于水草中，吸食昆虫或小鱼的体液。比起游泳来，红娘华更擅长在水底走动，搬家时，偶尔也会露出水面晾干翅膀后飞行。另外，红娘华在水中交配，在青苔上产卵。

昆虫的特征

昆虫的外骨骼

昆虫属于无脊椎动物中的节肢动物。昆虫没有骨头,但坚硬的皮肤能起到骨骼的作用。坚硬的皮肤内侧附着着肌肉,其身体结构与脊椎动物正好相反。这就叫做昆虫的外骨骼。

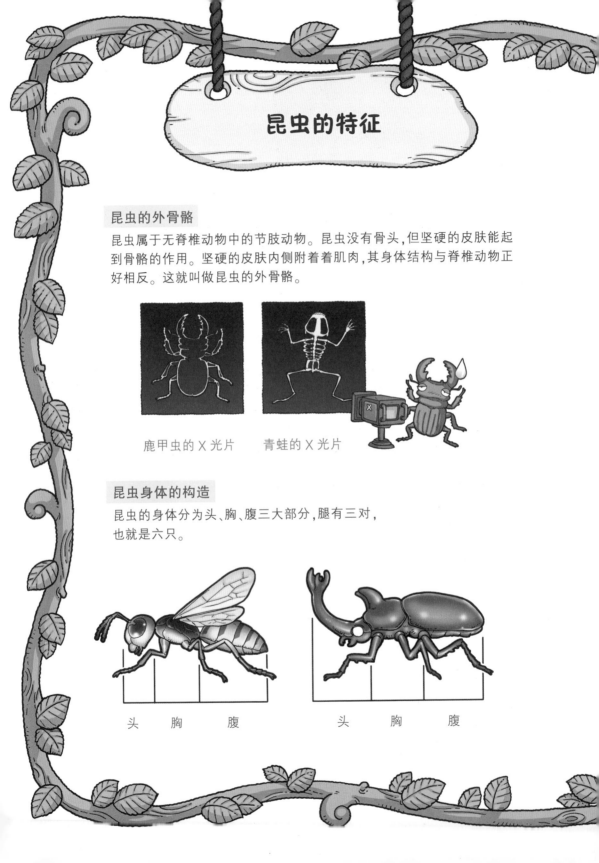

鹿甲虫的 X 光片　　青蛙的 X 光片

昆虫身体的构造

昆虫的身体分为头、胸、腹三大部分,腿有三对,
也就是六只。

头　　胸　　腹　　　　头　　胸　　腹

昆虫头部的构造

昆虫的成虫头部一般具有一对触角、一对复眼及许多个单眼。复眼可以看见物体的形状及颜色,单眼能感知光线的亮度,并起到辅助复眼的作用。特别是蜻蜓,其复眼由 10000 到 28000 个小眼睛组成。

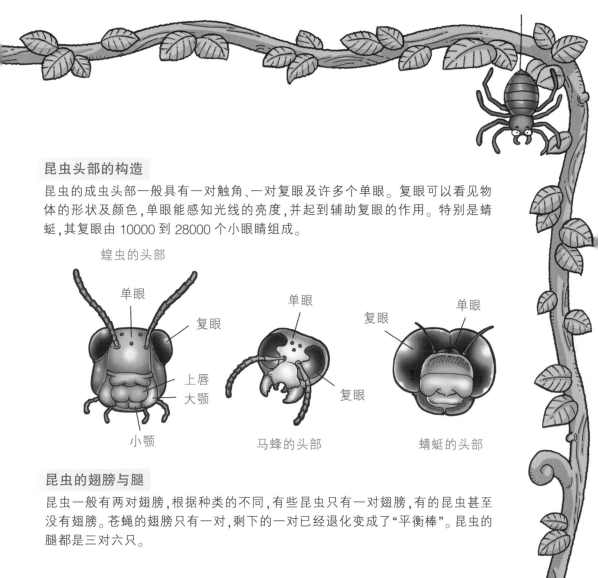

蝗虫的头部

单眼

复眼

上唇

大颚

小颚

单眼

复眼

马蜂的头部

复眼

单眼

蜻蜓的头部

昆虫的翅膀与腿

昆虫一般有两对翅膀,根据种类的不同,有些昆虫只有一对翅膀,有的昆虫甚至没有翅膀。苍蝇的翅膀只有一对,剩下的一对已经退化变成了"平衡棒"。昆虫的腿都是三对六只。

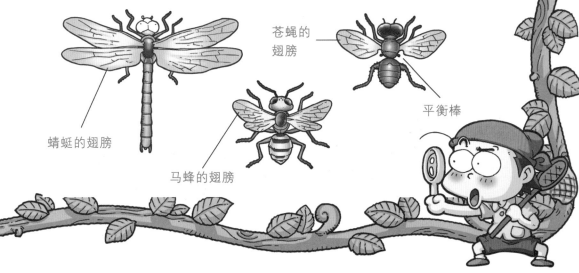

苍蝇的翅膀

平衡棒

蜻蜓的翅膀

马蜂的翅膀

埋葬虫怎样进食的？

不过，小古……

呼

他怎么突然没影儿了？

小……小古！

小……

呵呃！

噗哩

嗖噜噜

喂！干吗非得在这时候拉屎啊？

对不住……晚饭吃多了，胃不舒服……

飘悠

飘悠

为了驱走恐怖……我给你出道有趣的昆虫问题吧？

好……好吧。我来答答看。

禁止小便

狗屎埋于此狗屎之墓

××氏

禁止乱涂

这种昆虫发现动物的尸体时就会成群结队而来。

呀吼!

并且会花几天的时间将尸体埋在地下。

然后在地下将尸体吃干净。是什么昆虫呢?

嗯……这个……

答案就是"埋葬虫"。

啊!

埋葬……

为什么非在公墓里提埋葬虫啊?我本来就快吓死了!

啊,你怎么了?难道鬼真的会出来吗?

不管了,我要回家了。

嘟嘟

嚯嚯

切,这世界上哪儿有鬼啊,真是……

大自然的清洁员——埋葬虫吃树林中的小动物尸体。发现尸体后用泥土或落叶将其埋起来,并拔掉尸体上的毛或羽毛。然后将自己腹中的防腐物质涂在拔毛的位置,以延缓尸体腐烂的时间。因写作《昆虫记》而出名的法国昆虫学家法布尔曾经将埋葬虫称为"卫生长官"。

蜜蜂为什么跳 "8" 字舞?

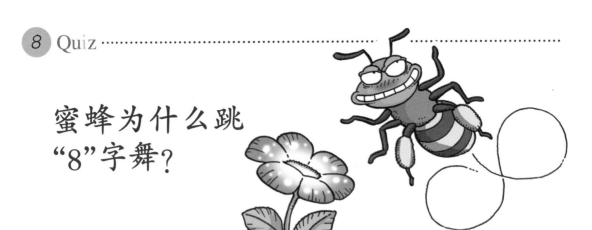

我是在天空中翱翔的飞行员。我来守卫地球的和平。♪

切断和他的联系。

我是击退恶魔的正义使者！

是……

嘚嗒

好，下一首是"恰恰恰"，大家一起来。

啊！

嘎啊昂

敌人出现了！

总部！总部！这里是燕子号……

呃啊……联络不上了。

出故障了吗？

怎么办呢？得赶紧告诉总部才行……

吭 吭

是啊，想起来了！

像蜜蜂一样行动就可以了！

发现花朵时,蜜蜂会用跳舞来通知同伴。

花朵在 90 米之内时,会画圆圈通知同伴花朵的位置。

90M

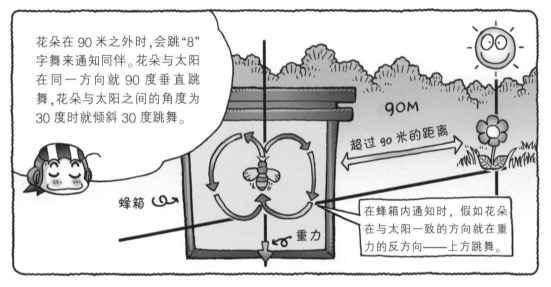

花朵在 90 米之外时,会跳 "8" 字舞来通知同伴。花朵与太阳在同一方向就 90 度垂直跳舞,花朵与太阳之间的角度为 30 度时就倾斜 30 度跳舞。

蜂箱

90M

超过 90 米的距离

重力

在蜂箱内通知时,假如花朵在与太阳一致的方向就在重力的反方向——上方跳舞。

所以我也跳 "8" 字舞通知同伴吧!朋友们,帮帮我!

嘎昂

嘎昂

他怎么了?

队长,进攻吗?

嗯……

群居生活的蜜蜂靠跳舞来进行沟通。出外觅食的侦察蜂如果发现充满花粉及花蜜的花朵时，会通过跳舞来通知同伴。食物在90米之内时，侦察蜂跳圆形舞；食物在90米之外时跳"8"字舞。根据食物与蜂巢的距离不同，蜜蜂跳"8"字舞的次数与速度也不同。

母螳螂为什么会吃掉公螳螂?

吧嗒
吧嗒

亲爱的,对不起。

男朋友的后腿

小蜥你知道那个吗……

你说的是什么?你就当我不知道吧。

为什么母螳螂会在交配后吃掉公螳螂啊?

我果然不知道呢。

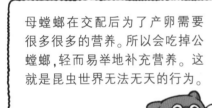

母螳螂在交配后为了产卵需要很多很多的营养。所以会吃掉公螳螂,轻而易举地补充营养。这就是昆虫世界无法无天的行为。

要想和我交配,必须作好死的准备……

好恐怖……

螳螂真是种恐怖的昆虫!

啊,好暖和。

呜呜呜……

你哭什么啊?为了螳螂有那么难过吗?

在自然界中，吃自己的同类叫做"同种捕食"，螳螂就是同种捕食的代表性昆虫。这也可以说是为了整个物种的延续而牺牲部分个体利益的、惊人的生存方式。螳螂在秋季交配，交配完成后，雌螳螂就会从头部开始吃掉雄螳螂。

蝗虫群会给我们带来危害吗？

公元 XXXX 年，从遥远的银河系来的巴凯特外星人侵略了地球。

进攻！

巴凯特外星人母船

巴凯特外星人仅用了三天的时间，就将地球弄得一片狼藉。

呃啊！

你是在耍我吗？这个小虫子有什么可怕的？

司令官,那边的天空很奇怪！

？

嗡

是谁在折磨我儿子？

嗡

嗡

什,什么啊？它们是……

进攻！

啊,是,是蝗虫群！

噗

啊

快逃吧！

咀嚼

咀嚼

♪

呃啊啊！

嗡

嗡

走吧！

呃哼……
完蛋了。

瞬时就只剩
下骨架了。

它们是沙漠蝗虫，
数 10 亿只一起飞
过时，一天能吃掉
2 万吨的粮食。所
以称它们是地球上
最具破坏力的生命
体。

摇晃

摇晃

只剩下骨架的外
星人宇宙飞船

怎么不早
点告诉我。

卖鲫鱼
饼咯。

就算是打工
我也要攒钱
回去……

大夏天的卖
什么鲫鱼饼
啊……

鲫鱼饼

蝗虫生活在亚洲与非洲的沙漠地带，成群飞过时会横扫整个田野，将所有的植物全部吃光。据说在澳大利亚用大规模的化学杀虫剂也无法消灭蝗虫，所以又使用了霉菌。一只蝗虫一年多次产卵，每次产 100 多枚卵，其繁殖速度非常快，所以蝗虫的危害很严重。

昆虫　51

冬虫夏草是昆虫还是植物?

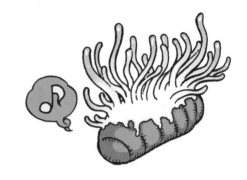

感觉到危险了……必须要变身了。

变身!

我是变身的天才,超人哟。

遇到危险时就会这样变身。

那现在就去事件现场看看吧!

哎咦,只是换了身衣服叫什么变身啊?我认识的人能从昆虫变成植物呢……

什么?

比我更会变身?

呃呃!伤自尊了。

喂,世界上哪儿有那种昆虫啊!要有的话让你在我的手上炒酱吃!

真的吗?

就是它，它原来是蝉的幼虫。冬季菌丝侵入蛰居于土中的幼虫体内，使虫体充满菌丝而死亡。夏季则会生出菌座，变成真菌。

呵！怎么可能……

呃……

冬季是虫（冬虫），第二年夏天会变成真菌（夏草），所以都叫我冬虫夏草……

那，赶紧兑现你的诺言吧！

咕嘟嘟

我用手直接给你炒辣椒酱吃，这样就行吧？

炒辣椒酱

哧啦
哧啦

太无耻了！太无耻了！

冬虫夏草是冬虫夏草科的小型真菌类，根部寄生于死去的蝴蝶目、蝗虫目、蝉目等昆虫身上。冬虫夏草从古代就被用做珍贵的药材，据说治疗麻药中毒及作为抗癌剂的效果显著。另外还有安神作用，能够缓解紧张的情绪。

蝴蝶与飞蛾有什么不同？

你好，我叫朴飞蛾。

是，我是刘蝴蝶。

呀吼！是个帅哥啊。

您真美丽啊。

啊咦……你这样可不行啊。

握紧

他俩坠入了一见钟情的热恋……

月亮真明亮啊，蝴蝶小姐。

我不知道。

画面不错嘛！

干什么的？

噌

你是蝴蝶，那小子是飞蛾！你们俩怎么能结婚呢？

呜呜……我们都是蝴蝶目的昆虫，为什么不能结婚呢？

就算都是蝴蝶目，蝴蝶与飞蛾也截然不同！我来告诉你吧！

我们蝴蝶在白天活动，与身体比起来翅膀较大。翅膀的颜色漂亮且华丽，另外身材细长。

但是飞蛾在夜晚活动，翅膀大部分都是单调与黑暗的颜色。而且身材又短又粗。

另外蝴蝶的触角又细又长，有圆形的节；而飞蛾的触角有羽毛状、线状、锯齿状等很多种。

蝴蝶　飞蛾

你现在知道区别了吧？我们高贵的蝴蝶家族怎么能找那么下贱的小子当女婿……

嗯？

空荡荡

蝴蝶、飞蛾群统称"蝴蝶目"，又因为它们身上覆盖着鳞粉，所以也称为鳞翅目。到目前为止，全世界所知的蝴蝶目昆虫数量约有22万种，其中90%是飞蛾。蝴蝶与飞蛾的鳞粉呈现不同的花纹与颜色，这些鳞粉不会被雨浸湿，所以下小雨时，它们也能飞行。

昆虫的生长过程

昆虫由卵发育为成虫可分为"完全变态发育"与"不完全变态发育"两种成长方式。

完全变态发育

幼虫经过蛹的阶段发育为成虫。
完全发育变态的昆虫有蝴蝶、独角仙、蜂、苍蝇等。

卵　　　　幼虫　　　　　蛹　　　　　　　　　成虫

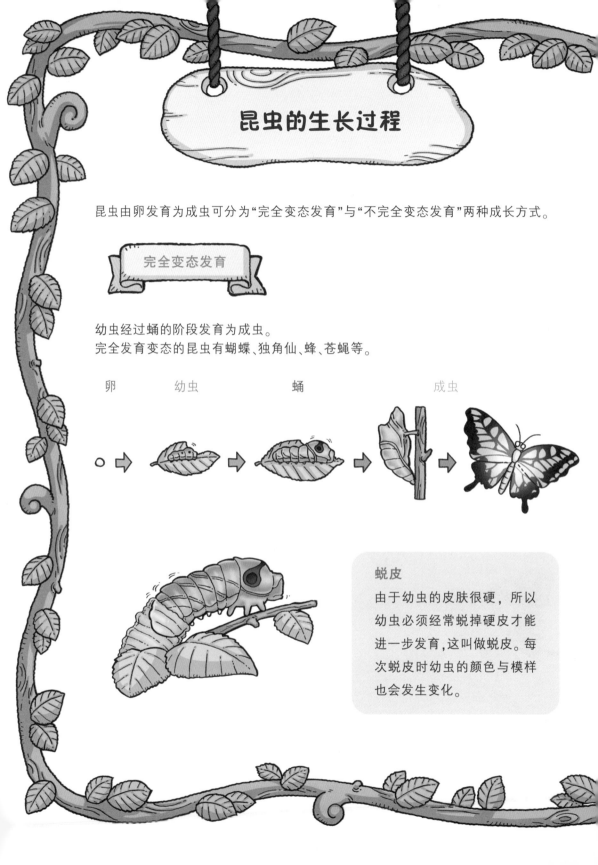

蜕皮

由于幼虫的皮肤很硬，所以幼虫必须经常蜕掉硬皮才能进一步发育，这叫做蜕皮。每次蜕皮时幼虫的颜色与模样也会发生变化。

不完全变态发育的昆虫从卵中孵化出的幼虫与成虫的模样相似，所以无需经过"蛹"的发育过程。不完全变态发育的昆虫有螳螂、蝗虫、蝉、蜻象等。

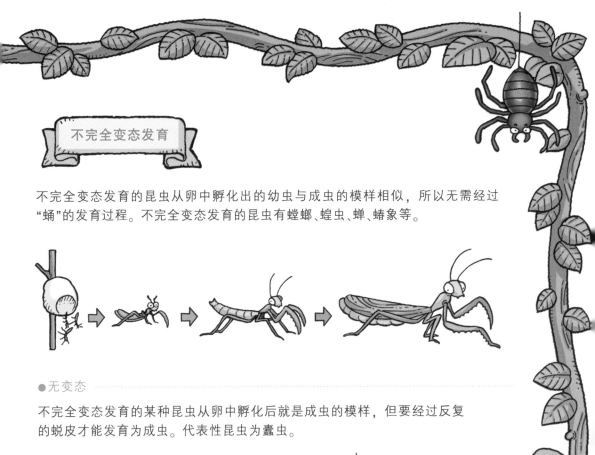

● 无变态

不完全变态发育的某种昆虫从卵中孵化后就是成虫的模样，但要经过反复的蜕皮才能发育为成虫。代表性昆虫为蠹虫。

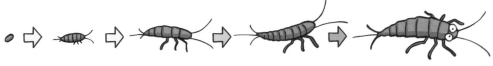

● 半变态

不完全变态发育的某种昆虫虽然不经过蛹的发育过程，但幼虫与成虫的模样不同。经过反复蜕皮发育为成虫。代表性昆虫为蜻蜓。

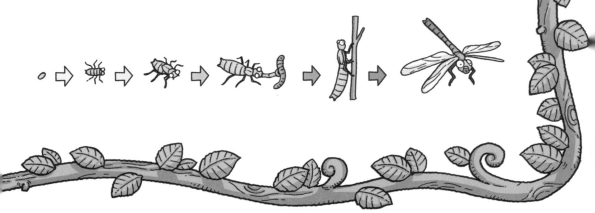

有用蜂蜜塞满肚子的蚂蚁吗？

在澳大利亚的某森林深处……

倒挂着很多蜜罐蚂蚁。

我们为什么倒挂着？

是啊？

它们将工蚁搬来的蜂蜜塞进自己的腹部。

是啊，吃蜂蜜吧。

呀吼，哪儿来的蜂蜜啊？

它们不停地往身体内塞，直到腹部变大 100 倍为止。

胳膊快断了呢。

哎哟哟，我吃不下了。

到了很难觅食的寒冷冬季，蜜罐蚂蚁就会将体内储存的蜂蜜分给其他蚂蚁吃。

嘟嘟

嘟嘟

我认识一个人，真的很像蜜罐蚂蚁。

是吗？是谁？

说来听听。

是谁呢？

蜜罐蚂蚁利用触角倒挂在蚁巢顶上,其他蚂蚁将蜂蜜搬过来后放在它们的嘴上,蜜罐蚂蚁的身体就会自动储存蜂蜜。这种蚂蚁挂在蚁巢顶上往体内塞蜂蜜,直到身体变大100倍为止。冬季食物不足时,它们会吐出蜂蜜分给其他的蚂蚁。据说蜜罐蚂蚁含着蜂蜜最长能够在蚁巢顶上倒挂10个月的时间。

哪种昆虫跑得最快?

队长,我物色了一名新队员。

我叫虎甲虫。

嗯,欢迎欢迎。

谍报院总部

我们谍报机关做的都是艰险的任务,所以必须都有自己的一技之长……

你最擅长干什么?

我最擅长快跑。我是昆虫中跑得最快的。

踏踏

跑得最快?那你示范一下吧。

准备!

呵！真的很快啊。

据说虎甲虫一秒钟能跑2.5米左右。

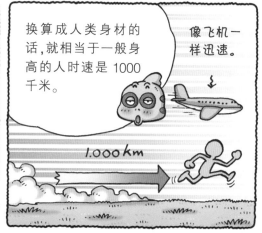

换算成人类身材的话，就相当于一般身高的人时速是1000千米。

像飞机一样迅速。

1.000 km

好啊！正好有个任务很适合它，它跑这么快应该很容易完成的。

敌人的基地

翻找

呼呼，首次任务应该完成得圆满些。

翻找

不许动！你这个间谍！

再动我就开枪了！

啊，被发现了！

秘密文件

哎咦，走为上计！

射击！

嘟

嘟嘟

嗒嗒嗒嗒

那小子跑得真快。

哇，是拿金牌的料。

啪啪

你鼓什么掌啊？

果然没人能追上我！

我呀，我是长跑之王。

啊，前方有下水道……

必须要躲开，但脚不听使唤。

据说虎甲虫跑得比头脑思考得快，所以经常发生这种事。

你怎么不早说！

救，救命啊。

小心下水井

请给我工资。

你被炒鱿鱼了！

虎甲虫经常在田野或山间走在路人的前面，好像在给人领路。一般昆虫遇到危险时会利用翅膀逃跑，但虎甲虫利用脚逃跑。虎甲虫经常在追逐食物时突然停下，这是由于虎甲虫脚的速度太快，给眼睛下达命令的大脑跟不上脚的速度，所以命令总被延后下达。

昆虫用什么呼吸?

我是世界上憋气的冠军!

你比不过我的。

你说什么?

好啊,决斗吧。

一只小小昆虫竟敢向我挑战!

我来做裁判。

为了公平地比赛,咱先把嘴巴堵上……

开始!

5分钟后

挺能忍的嘛……

10分钟后

吭……这个狠家伙。

人类用口、鼻、肺进行呼吸，但昆虫用气门这个呼吸器官进行呼吸。组成昆虫腹部的每个体节（身体的每段节）上各有一对气门，昆虫利用这气门吸收空气，进行气体交换后重新排出。昆虫的身体不停收缩，这是它们在做呼吸运动。

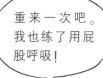

昆虫的触角有什么作用？

昆虫的触角主要起到闻味的作用，而且……

分泌信息素

空 空

明白不？

触角也能感知到必要的信息素，能起到相互沟通的重要作用。

你说得很好。那，下面……

我们听听小古对触角的理解吧？

啊！

昆虫课授课中

啊……这个所以……那个……

糟糕了，昨天玩得太疯了，忘了……

支支

吾吾

怎么了？你没做预习吗？

不是！我对触角的能力做了预习！

慌里慌张

你说什么？那是真的吗？

昆虫的触角可以看作人的口与鼻，昆虫可以利用触角闻气味，也可以利用触角进行沟通。由于昆虫靠一种叫信息素的香味交换信息，所以触角对昆虫来讲是非常重要的器官。虽然信息素的气味非常微弱，但昆虫敏感的触角在远处也可以闻到这种香味。

蚂蚁也会"务农"?

你知道蚂蚁比人类更早开始务农吗?

真的?

人类开始务农不过才 10000 年的时间……

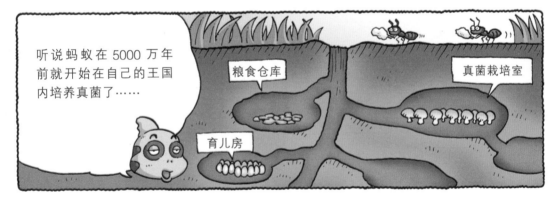

听说蚂蚁在 5000 万年前就开始在自己的王国内培养真菌了……

粮食仓库

真菌栽培室

育儿房

哇啊,在务农这件事上蚂蚁还是我们的前辈呢。

有趣吧?

不过那个人是谁?从刚才开始一直在我们周围打转转。

20年后

在中南美培养真菌的蚂蚁有200余种，据说其中的40余种蚂蚁在有体系地管理着真菌农庄。这些蚂蚁叫做"真菌蚂蚁"，其中最有序培养真菌的蚂蚁是切叶蚁。切叶蚁的工蚁分为四个等级，各司其职分头工作。

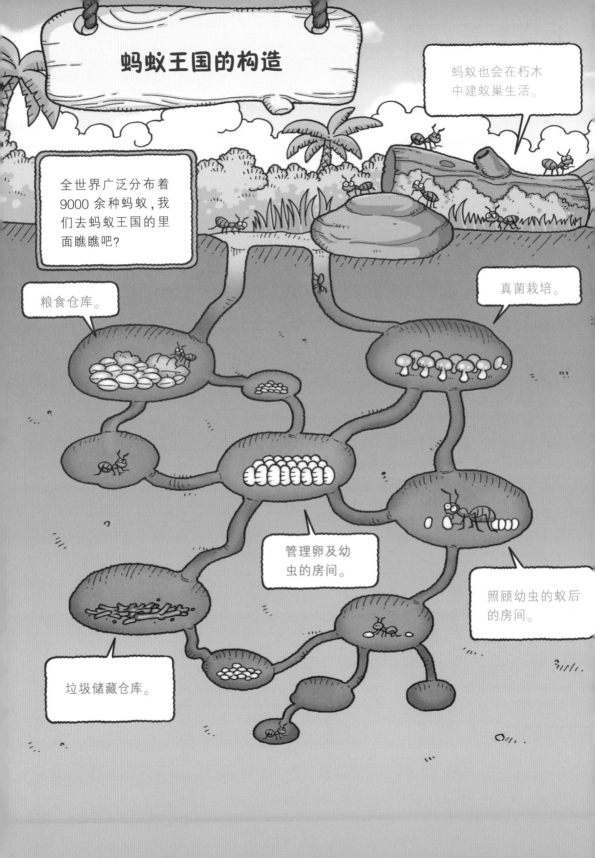

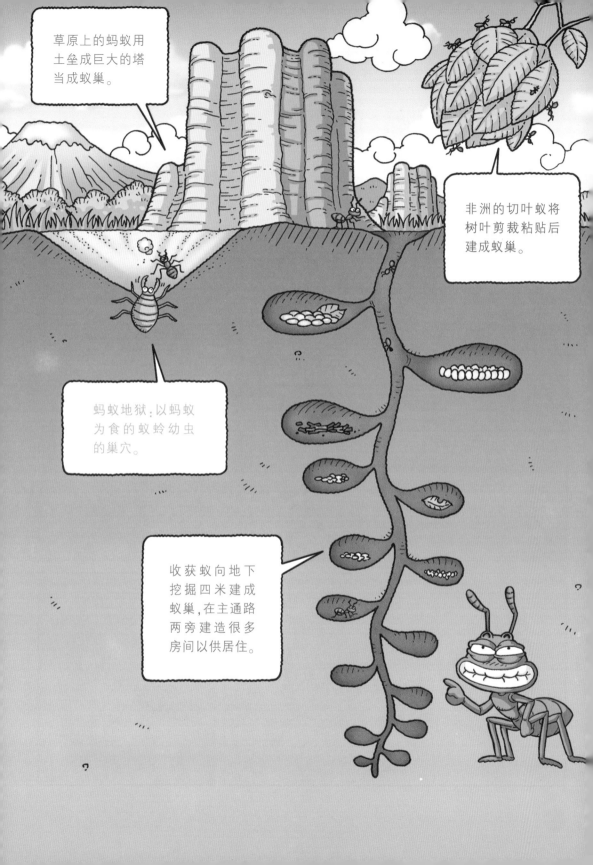

被采采蝇叮到会怎样?

嘟嘟

啊,牛都在睡觉呢,日照当空的……

当

孩子们,醒醒吧!

啪嗒

呼噜噜

啪嗒

怎么回事啊?

赶紧去告诉……

昆虫研究所吧!

嗒嗒 嗒

抽泣 抽泣

嗯……

……

我觉得这些牛……

好像是集体罢工了。

给它们加20%的草料怎么样?

嘎呜!

砰

活该挨踢!

我好像知道这些牛为什么睡不醒。

犯人是昆虫。

什么,昆虫?

那么我们去抓犯人吧?

好,走吧。

强硬

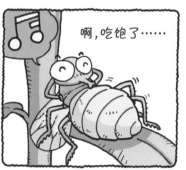

啊,吃饱了……

犯人就是这只采采蝇。

我怎么了?

啊,苍蝇……

采采蝇与一般的苍蝇不同，它会吸食家畜及人类的血。被采采蝇叮到的话就会患上嗜睡症，非常恐怖，可能会一睡不起。

你这是干什么？有证据吗？我问你有证据吗？

证据就是你的肚子，你吃了什么肚子鼓成这样！

呵！

不……不是的，这是因为昨天我吃了太多的屎。

哼，你还狡辩！

鬼都逃不过我这个昆虫研究所的所长——小古的眼睛。

你这个坏家伙，赶快跟我去警察局吧。

呜呜……胖也是罪过吗？

蜻蜓的祖先
曾经有多大？

这是个关于犯有 33 次前科、丝毫不知长进的蜻蜓的故事。

现场素描 100 块

咔咔咔,终于找到时间机器了。

9月

你小子,不行啊！这是我一生中最好的发明啊！

时间机器

有什么不行的?老实待着吧。

啪啪

哎哟。

长点良心吧

只要有这个机器,我就能和讨厌的警察说拜拜了。

哇啊啊。

旋转 旋转

呀吼,终于来到没有警察的过去了!

从现在开始这里就是我的天下了!

想干什么坏事都可以了。

长点良心吧

哦,那里聚集着我的同类呢。

我先去给它们来个下马威吧!

哎呀!先来一脚!

啪

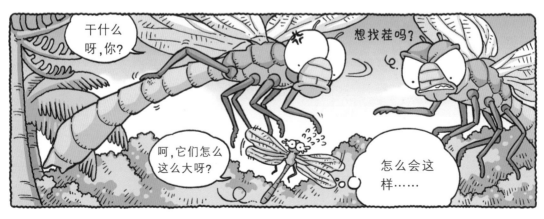

干什么呀,你?

想找茬吗?

呵,它们怎么这么大呀?

怎么会这样……

虽然现在大多数昆虫的身体都很小，但据说在恐龙时代许多昆虫的身体都非常大。蜻蜓的祖先身体长度约有75厘米。要想生存下来必须能迅速逃跑，身体小比较有利于逃跑；另外减少能量的消耗也利于种族的繁殖，所以昆虫变小了很多。

蜂房为什么是六角形的？

洪水把房子都冲塌了……呜呜……

真可怜……

把房子建成类似蜂房的六角形怎么样？

建成蜂房形？

嗯，因为六角形是比三角形及四角形都牢固的科学构造。

而且比圆的利用空间更大，可以安全地培育蚁卵。

救救猪啊……

我来救你！

哦耶！

谢谢！

新房子建成蜂房形的吧。

嘟

嘟

完成了。

啊,找不到出口在哪儿了。

慌里慌张

扑嗒

什么事呀?

50年后

哎哟哟……还是找不到啊。

你不是没建出口嘛……

蜂房建成六角形是因为三角形或四角形不够结实,而圆形或五角形会产生缝隙,空间的利用率低下。六角形蜂房是最科学、最稳定的构造,同样的建筑材料能得到更广阔的使用空间。这种蜂房构造叫做"蜂窝式结构",也用于飞机机翼及宇宙飞船上。

屎壳郎为什么滚粪团?

吵来吵去

你们俩吵什么吵?

我不小心踩了屎壳郎的粪团,不过也不至于冲我发这么大火吧。

嗯……

粪团对屎壳郎来说很重要啊,用牛粪滚成的粪团是养育后代必不可少的东西。屎壳郎在粪团中产卵,幼虫吸收粪团的营养才能长大。

抠唆

抠唆

听见了?你这个坏蛋!

啪

啊!

息怒,这是我用了一周的工夫滚成的,送给你吧。

哦。

擦

好吧,看在小古的面子上我就原谅了你这一次。

谢谢你了,小古。

屎壳郎夫人

鞘翅目粪金龟科的昆虫们以吃草食动物的粪便而闻名。屎壳郎有时在牛粪下安家，把牛粪捏成圆形；有时会把牛粪滚着搬走。另外，屎壳郎会在牛粪团中产卵，幼虫靠吃高营养的牛粪团而成长。据悉，全世界3000种的屎壳郎中有200种会滚粪团。

水黾为什么能浮在水上?

呀吼

沙沙 嚷嚷

什么事啊?

是啊,着火了吗?

啊!

怎么可能!

人居然能浮在水上!

居然还能走来走去的……

所以那位道士的别号是水黾道士。

水黾道士?

水黾可以利用水的表面张力浮于水上。

而且腿上生长的许多绒毛带有油脂,更容易浮于水上。

绒毛

水的表面张力

水黾是属于半翅目水黾科的昆虫。水黾将腿展开似沾水非沾水的模样非常像古代的盐贩为了不让盐浸水而异常小心的样子。水黾利用腿上绒毛的油脂及水的表面张力将身体浮于水上,利用中腿的推力弹开水前进,用后腿来改变方向。

萤火虫为什么发光?

小古的昆虫研究所

嘿哟!

傻瓜……

研究所所长 小古

呼噜噜

噗啊

小古呀!

午睡中

咣

啊!

快点快点。

你这是干吗?

跟我进来看看。

到底是让我看什么啊?

嘿嘿。

你吃错药了?

看好了。

闪亮

我买了只夜光表哟,神奇吧?

哼!

一点都不神奇,就是为了让我看这个,来打断我睡午觉的吗?!

呃啊,救救小蜥啊。

嘟踏

嘟踏

嘟踏

我突然想起来,昆虫中也有能发光的呢。

是哪种昆虫呢?

我带你去看看,这次跟我走吧。

就是这些萤火虫啊。

哦,真的呀。

又是来看我们的吗?

我们的人气真高啊。

萤火虫是怎么发光的呢？

嘿嘿……又需要我解释了吧？我们的体内有种叫线粒体的器官，它能利用氧气制造能量。

这些氧气能量与腹尾发光器的荧光素相遇时就会发光。

又觉得了不起了。

哈哈哈，那也比不上我夜光表的亮度！看啊，看。

闪亮

嗒 嗒 嗒

啊！

它们这是干什么？我的夜光表毁了啊！

这是萤火虫的特性啊，它们看见发光的物体就想靠近。

嘿嘿……嘿嘿……

那天夜里

就算是这样我也要修好我的夜光表。

喂,还不赶紧把我们解开!

嘎嗒

嘎嗒

走着瞧吧!这个仇我一定会报的。

萤火虫的复仇开始了。

对不起了,让我睡一会儿吧。

我们要不停闪,让它睡不着。

萤火虫只栖息在没有污染的干净环境中。萤火虫在卵的阶段靠卵内的发光物质发光,此后靠腹尾的发光器发光。科学家们正在试图将萤火虫的基因移植到树木的基因上,以发明一到夜晚就会自动发光的"萤火路灯树",据说在不久的将来就会实现。

昆虫

蟑螂如何预知危险？

在小古回来之前都吃光吧。

还是偷吃的东西最好吃啊，咔咔咔……

啊，我的饼干！

是蟑螂。

赶紧溜……

呼

把你的点心都吃光了。

蟑螂怎么会逃得那么快，呃……气死了。

嘿嘿

哎嗨……

那个呀，是因为蟑螂身体内装有警报装置。

尾巴部位的一对突起能感知到周围空气中最微小的动静，所以能预知危险。

这种能力就是我们蟑螂从上古时代生存至今的秘诀。

原来是这样啊……那样的话……

蟑螂们听好了！要想救这位老爷爷，必须双倍偿还你们吃掉的饼干！

服了你。

啊咦哟，你小子！赶紧放下我！

被……被抓了。族长！

是啊，不是说让您装不认识他吗……

救救我！

小古，我来探监了。

吃点苦头吧，你！

蟑螂的种族生存在地球上已有3亿5000万年的历史，也具有很多独特的特性。它们可以通过粪便分泌一种叫"信息素"的化学物质，用来召集同伴；也会向攻击自己的甲虫或蚂蚁等发出一种叫"苯醌"的化学物质，使其暂时气绝。另外，小蟑螂被蚂蚁抓住腿时，会扯断腿逃跑，但腿不久就会重新长出。

在沙漠生存的甲虫如何制造水?

生存在南非纳米比亚沙漠里的甲虫能够在水源缺乏的沙漠存活，是由于它们自己能收集水。它们在起雾的早上迎风倒立，背上许多的突起会逐渐汇集水汽。这些水汽越来越多，然后顺着背部流入口内。科学家们利用昆虫的这种智慧开发出了"利用雾气制造水的薄膜"。

蚊子为什么吸血？

呃……

小古,你的脸怎么了?

昨天夜里遭到了蚊子的集中攻击。

嘟 嘟

我的血有那么好吃吗?

吸血的蚊子是母蚊子,为了产卵而吸食人类和动物的鲜血,以摄取营养成分。

啊,是母蚊子。

嗡 嗡

叫我们干吗?

没见过母蚊子吗?

是你把我的脸弄成这样的,还我的血!

你说什么呢?最近我们都不吸血了啊。

你忍忍吧……

看你那熊样。

不吸血了是什么意思?肯定是在撒谎……

那天夜里

听说这家的血非常好吃啊！

呀吼。

一杯血
100块
三杯 200 块

居然这么方便……我会好好喝的。

昨天是左边，今天就抽右边吧。

呜

呼噜

呼噜

昨天晚上又被咬了……呜呜。

真是些没良心的蚊子们……吃个饼吧？

肿

肿

谢谢你，还是你对我好啊。

卖血买来的鲫鱼饼

呃……还挺愧疚的。

只有妊娠中的母蚊子才会吸血，这是为了给腹中的受精卵供给动物性蛋白质。被蚊子叮咬的部位又肿又痒，是因为蚊子口水中的唾液注入了人体。蚊子的唾液进入我们的身体时，我们的身体会即刻制造一种叫"组胺"的物质，这种物质与唾液发生反应引发刺痒。

知了为什么不停地大声鸣叫？

知了！

啊,知了在叫呢。

肚子有点饿,把它吃掉吧? 咱们螳螂不是喜欢吃知了吗?

知了

知了

知了

干啥呢? 你看不见啊? 画画呢……

嘿嘿,你好啊,知了。

你们这是想吃我吗?

是啊,你现在是我们的盘中餐了。

闪光

知了
知了
知了

呱!

哎咦!

啊!

呃,耳朵快掉下来了!

耳朵肯定很疼吧，下次不要得意忘形了。

救救螳螂啊……

第二天

声音太大，鼓膜被震伤了，治疗费100块。

没什么外伤吧？

哎哟喂，真上火……怎么会搞成这样呢？!

哼，我有个好主意。

这样戴上耳罩去的话知了就没办法了……咔咔咔。

真是个好主意！

怎么？你们找我还有事吗？

你以为我们不知道用耳罩吗？

你使劲儿叫吧，看我们还怕不怕你……嘿嘿嘿……

呵！

挺聪明的俩小子嘛……

上次因为知了的叫声把我的作品都毁了，今天一定要……

你画得真难看，可惜这些颜料了。

知了知了知了

呃哈哈哈，我们听不见哟。

昆虫　99

呃哈哈哈，这下你逃不掉了。

呃啊！

救救知了啊。

嗖

嗖

……

知了 知了 知了

啊！

呃呃！知了开始集体鸣叫了。

啊，吓死我了！

知了

这……先撤退吧。

哈哈哈……我们知了遇到危险时会集体鸣叫来保护自己，你们不知道吧？

哎哟喂，我的耳朵呀……

太生气了，真让人受不了，走着瞧吧，知了们……

我还是就此罢休吧。

精神一集中何事不成！只要我集中精神，知了的叫声还是可以忍受的！

阿弥陀佛。

知了的幼虫会在地下度过 3~5 年的时间，为了求偶才会钻出地面。知了的鸣叫声是雄知了想吸引雌知了而发出的焦躁声音，雌知了不会鸣叫。虽然这些鸣叫声有时会将自己的位置暴露给天敌，但同时也起到击退天敌的作用。有些昆虫毫不畏惧靠近知了，最终会因鼓膜受伤而退却。

竹节虫如何保护自己?

你说谁是小偷呢?看这身正义的黑色。

给我站住,你这个小偷!

那你手里拿的面包哪来的?

哎咦,这群人不嫌烦啊,一直追。用我的绝招隐遁术吧。

呼

......

被我抓到有你好瞧的!

哈哈哈,这群傻子没看出来吧?

混口饭吃真不容易。

嘿嘿……我都看见了哟。

啊!

我们竹节虫为了在危险中保护自己，会隐藏在颜色相似的树枝上。为了不被天敌抓住吃掉，我们的身体已经进化得很像树枝了。

动物呈现与周围的自然物或其他动物相似的模样或颜色称为拟态。动物们通过拟态捕食及躲避天敌的攻击。竹节虫是进行拟态的代表性昆虫，长得像竹枝的竹节虫伪装成树枝将自己的身体隐藏起来。还有生活在热带的竹节虫也会伪装成树叶的模样。

哪种昆虫飞得最快?

在山中练棒球已经有十年的时间了，终于让我练出了快速球。

怎么从刚才开始这只苍蝇就一直围着我转悠啊？

尝尝我快速球的厉害吧！

那只苍蝇居然飞得比我的球还快。

亲爱的,你怎么飞得那么快呀?

嘟

嘟

这有什么呀,我们牛虻在求偶时期时速可达 145 千米呢。

可以说是昆虫中飞得最快的,亲爱的,到我这儿来。

啊嗯。

干脆……

这……这样放弃算了。

呼 啧 盈

……。

咔咔。

嗒

接到我的球给100块

飞得最快的昆虫是牛虻,牛虻在求偶时期速度可达到每小时 145 千米。1994 年美国的昆虫学家巴特勒通过拍照,进行了科学证实。此前一直认为绿胸晏蜓飞得最快,绿胸晏蜓在下坡时最高时速可达 98 千米。

蚂蚁为什么保护蚜虫？

哦，那是……

哈咦，蚜虫！

我是蚜虫……

啊！是瓢虫。

小古，你知道那件事吗？

哪件事？

蚂蚁也像人类一样喂养家畜。

····

啊，不会吧……

你在耍我吧？

看这儿。蚂蚁保护蚜虫不受其天敌瓢虫的伤害，从而得到蚜虫的蜜露作为食物。

轻轻

你当我傻吗？会相信你？

要是真的我可就糗大了……

喂,让开!我已经饿了两天肚子了!

门儿都没有!

再吵吵我们打你啊。

啊,是真的啊?

没事吧?

哎哟喂,心脏这个跳啊!

来,镇定一下制造点蜜露吧,我给你捶背。

咳……知道了。

噗噜 吭噜噜

噼里啪啦

哦咦,搬运蚂蚁1号!

你叫我了吗?

沙沙沙

这就是所谓的共生关系啊。

你往哪儿跑!

啪嗒 啪嗒

呀吼。

我……你们太卑鄙了,我不吃了。

……

那,我们打的纸板……

啊,我的纸板!

刚才我打翻过来了,算我的了。

说谎!肯定是趁我没看见,你用手翻过来的。

你连我都不相信吗?你这个疑心鬼!

蚂蚁与蚜虫是生活在一起，彼此互相依赖的共生关系。蚂蚁保护蚜虫不受瓢虫或其他天敌的伤害，蚜虫吃了植物的汁液后排泄出蜜露送给蚂蚁。小灰蝶与蚂蚁也是共生关系，蚂蚁发现小灰蝶的幼虫时就会将其运回自己的蚁巢喂养起来，小灰蝶的幼虫会为蚂蚁提供排泄物当食物。

地球上什么时候开始有昆虫的？

无聊

我问个问题吧！

好吧……

你知道昆虫的历史有多长吗？

这个……

就料到你不知道，昆虫是在 3 亿 5000 千万年前出现在地球上的，那时还是古生代泥盆纪时期呢。

慢腾腾

那样的话……

昆虫首次出现在地球上是在古生代泥盆纪的3亿5000万年前。原始人类在地球上出现是在300万年前，相比而言昆虫的历史更久远。最初的昆虫没有翅膀，体形也较大；后来为了迅速逃离天敌，逐渐生出了翅膀，体形也变小了。目前地球上已明确的昆虫种类达到80万种。

白蚁女王能够活多久？

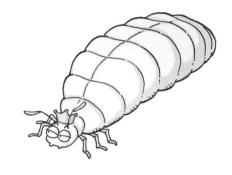

我呀,是世界第一的汽车销售员!

一天卖出一辆车是我的目标。

啊,是白蚁女王!

太好了,就当我今天的目标顾客吧。

您好啊,女王陛下。

女王肯定有很多钱,我一定要卖辆车给它。

您看这辆车……

女王陛下您是金身,所以一定需要车……

大讲特讲

吹嘘

两小时后……

啪

啊!

不买!

这个顾客不简单呢……

我很忙先走……

等一下!

刷

刷

这样算了可不行,我不能临阵退缩。

那您买这辆车开上 50 年的话,50年后我送您一辆一模一样的车。

怎么样?

吼哦。

那是个不错的条件呢……

知道了,我买吧。

那请您慢走。

噗嗡嗡

呀吼！今天又卖出了一辆！

这个傻瓜，昆虫怎么能活上50年呢？被我骗了。咔咔咔……

噗啊

嗡

吼吼……你才是傻瓜呢。难道不知道我白蚁女王能活50年以上吗？

50年后

叮叮

今天终于到了换新车的日子了，他看到我肯定会被吓晕吧。

当

吼吼……您好啊？

哎……您是！

吭……白蚁女王的寿命有50年啊。

没办法了，承诺就是承诺……

一般蚁后的寿命为10年左右,为了交配而出生的雄蚁寿命约为6个月,工蚁或兵蚁则能活1年左右。但据说生活在澳大利亚的白蚁女王能生存50年以上,它们生活在高6米的巨大蚁巢中,身长能达到10厘米。一生中产卵的数量大约能达到50亿枚。

叶甲虫如何保护自己的卵？

噗唧

小古呀，去玩吧，啊！

吧嗒

吧嗒

我正好饿了，太好了，一起吃吧。

刷

等一会儿吃比较好，你知道叶甲虫用什么办法保护卵啊？

叶虫？

是啊……叶甲虫为了保护自己的卵，会在上面涂上自己的粪便。

那样能起到伪装的作用，而且敌人也会嫌脏而不吃它们。

哇，虽然有点恶心，不过真是伟大的母爱啊……

我知道了，我们赶紧吃饭吧。

还有一句：我已经决定从现在开始像叶甲虫一样生活了。

叶甲虫的某些种类会将卵粘上自己的粪便，以保护卵不受敌人威胁。有些叶虫会在排便时顺便将卵排到地面上；也有些会在茎上产卵然后在上面排便。据说乌壳虫会将蜕掉的皮一直背在背上；而在稻叶上生活的稻负泥虫则是一年出现一次、啃噬稻叶的害虫。

蚂蚁的力气有多大？

摇晃　摇晃

有一天，大力士外星人来到了地球。

我是银河系最有力气的外星人。

要是没人比我力气大的话，这地球就是我的了。

他那是在干什么？

噌

哎呀呀！

噌

呃哈哈哈！怎么样？我举起了相当于我身体20倍重量的宇宙飞船。

这真是要征服地球的气势啊。

让我来对付你吧。

是第一壮士哥哥！

哥哥应该能赢的吧。

太好了。

嗯……你好像有点力气。

……

我来做裁判吧。

准备。

开始！

剪刀石头布！

吮当

为什么在这儿出剪刀、石头、布啊？为什么?!

我还以为是剪刀、石头、布比赛呢。哎哟,肚子好饿。

呜呜……这下地球会被那外星人征服了吧?

不能就此放弃。

我……我来试试看。毕竟我还是班里的摔跤冠军呢!

鼓起

1秒后

嗵唧唧

啊嗯。

咔哈哈哈。

地球终于落在我的手里了。

摇摆　摇摆

簌簌簌

嘿哟嘿哟

啊,那个小家伙搬着这么个大东西!

叮咚

?

虽然人类的块头比蚂蚁大，但人类只能举起相当于体重90%的重量。但蚂蚁却可以举起相当于体重50倍的物体。这是由于块头变小时，与体重相比，力气会非常大。所以假如人类可以缩小到蚂蚁的大小，同样也可以举起比自己的体重重得多的物体。

一个蚕茧的蚕丝有多长？

蚕蛹事先扯好的蚕丝

10分钟后

呃啊……累死了,再也跑不动了。怎么一直看不到头啊?

嗨唧唧

还有很长一截呢。一个蚕茧抽出的蚕丝长度从 1200 米到 1500 米不等。呵呵呵。

这次由我来挑战。

太无耻,居然骑自行车……赶紧逃跑吧!

呼嗒嗒!

蚕是属于蝴蝶目的昆虫,蚕的幼虫吃桑叶长大,为了变成蚕蛹会吐出长长的蚕丝。幼虫会用那些蚕丝将自己的身体外部一层层包裹起来,这个过程需要 60 个小时的时间,最终形成一个重 2.5 克左右的椭圆形蚕茧。一个蚕茧吐出的蚕丝长度能达到 1200~1500 米。

什么昆虫嘴最长？

穷得叮当响，两天没吃上一顿饭了。

啊……我悲惨的身世啊。

擦

啊！

叮叮咚

谁的嘴巴最长呢？长嘴比赛奖金：1,000,000元

好，就是它了！我去参加比赛吧。

拿到这笔奖金以后就能一辈子吃喝玩乐了。

现在也在吃喝玩乐啊……

不过怎样能让嘴巴变长呢?

对了！用这办法就行了嘛。

呃……好疼啊！

一定得忍住，能忍者才有福啊……

惨不忍睹啊，有这劲头干点啥不好……啧啧。

啊

啊

比赛当日

嗯……

来自小树林中的蚊子嘴巴是1厘米。

果然不出所料，蚊子与飞蛾的竞争相当激烈啊。

下一位是来自橡树丛的独角仙……

啊……好奇怪。据我了解，独角仙的嘴巴很短啊。

那是从前的事了。

现在变成这样了。

啊啊！独角仙的嘴巴变长了。

哦,独角仙的嘴巴大约能有8厘米呢。

咔咔……这下我赢定了。

下面我们请出最后一位参赛者,是去年的冠军……

去年的冠军?

来自山那边草原的长喙天蛾。

大家好!

什么嘛,什么呀……也不怎么长嘛。害我白白担心了一场。

嘟嘟

长喙天蛾体态较大,光翅膀就有10厘米左右。为了便于吃花蜜,嘴巴十分奇特,其长度可达27厘米。最近的科学报告称,利用长喙天蛾的嘴巴可以听到蝙蝠发出的超声波。初步推测,这是长喙天蛾为了逃避以自己为食的蝙蝠而衍生的能力。

昆虫 **129**

城市里为什么没有萤火虫？

我是什么事情都能解决的万能解决师。

来信了。

啊，让我找萤火虫？

城市里的萤火虫都不见了。请把它们找回来。

我居然还要做这种事情，不过这也是任务啊……

喂，萤火虫！你们最近为什么不在城市里出现了？

什么？

我们萤火虫彼此用光来进行交流，但城市里周围的光线太强烈了，甭说交流了，连求偶都困难！

嗯……原来如此。那我来想个办法吧。

我们也想去的……

萤火虫之家

萤火虫生活在干净且清澈的溪水边、草丛中，并喜欢黑暗。城市中环境污染严重，夜晚霓虹灯、路灯等光线闪个不停，不适合萤火虫生存。因此，我们越来越少看到它们的身影了。只有环境改善了才能看得到。

马蜂的蜂针与蜜蜂的蜂针有什么不同？

蜂只有一个鱼叉状的蜂针,刺中别人自己就会死。

——小古——

嗯……

原来蜂还有这样的秘密,这样的话,我得好好耍耍不知天高地厚的马蜂了。

喂,马蜂!你这个傻瓜!

你说什么?

你吃错药了?小心我蜇你哟。

哼!别逞强了,不是说蜂针用过一次,你就会死吗?

哎嗨

哎咦!

呃!你还真豁出命来蜇我啊。

叮

……

但你现在等死吧。

肿 肿

什么话啊！

呃啊啊！这是怎么回事啊？

哼！我们马蜂的蜂针像光滑的枪一样，所以就算用很多次也不会死。

蜜蜂只有一个鱼叉状的蜂针，刺中别人自己就会死。

啊，忘了写上"蜜"字，现在加上去吧。

喂！

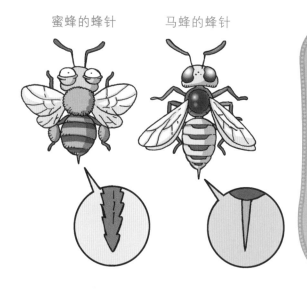

蜜蜂的蜂针

马蜂的蜂针

马蜂的蜂针是光滑的，刺别人时很容易排出。所以马蜂的蜂针可以反复使用。但蜜蜂的蜂针是鱼叉状的双层结构，刺别人时不易排出。蜜蜂勉强拔出蜂针会将内脏连带拔出，导致死亡。而且一只蜜蜂蜂针的毒素与 550 只马蜂的毒素相当。

蜉蝣只能活一天吗?

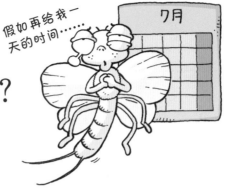

假如再给我一天的时间……

7月

这是哪儿来的痛哭声?不知是谁在哭啊。

昂 昂 昂

是啊。

啊,这不是蜉蝣吗?你哭什么啊?

昂 昂

你不知道啊?我马上就要死了!

我们蜉蝣的幼虫在水中生活 1~3 年的时间,为了交配变成成虫只能生存一天。

而且据说交配完之后会马上死掉,知道了?

摇晃 摇晃

但我光顾着玩了,都忘了这件事了。

现在只剩下一个小时了,连求偶的时间都没有了,呜呜……

你真是什么也不懂!蜉蝣并不是只能生存一天,其实蜉蝣一般能活 2~3 天左右。

什么!

那你应该早点告诉我啊，为什么到现在才说！

呀吼，找个地方约会去吧！

你什么时候问过我了？冲我发什么火啊？

你忍忍吧，它神经过敏……

第二天

咕嘟

我不管了，都说我长得丑，不愿和我交配……

这个……

是长得有点丑哈。

有没有什么好办法啊？

你们来了……

怪可怜的，我们给它祭祀一番吧？

好啊！

蜉蝣老光棍之墓

蜉蝣会以幼虫的形态在水中生活1~3年的时间，变成成虫只能生存2~3天，最长能活一周。变成成虫的蜉蝣完成了交配与产卵的任务后就会死去。身为昆虫的蜉蝣位于食物链的最底端，幼虫时是鱼类的食物，成虫时是其他昆虫的食物，对维持生态平衡起到了重要的作用。

女王蚁如何管理蚁群？

你知道女王蚁与女王蜂是如何管理下属的吗？

那个我怎么会知道啊？

泄气的声音

噗咻咻

你问的这算什么问题啊。

是我不对，我不该问你。

哎，告诉我吧！告诉我吧！

好，那就告诉你吧。

嘿嘿……

刷

女王蚁或女王蜂有种阶级分化信息素，为了不造成混淆，它们会给每个阶级派发信息素。

这么说我也有阶级分化信息素啊。

那是什么意思？

昆虫会发出多种信息素与同伴进行信息交流。警报信息素会通报危险，指路信息素会告知场所或方向，集合信息素会告知食物所在的场所。女王蚁与女王蜂会发出性信息素与雄性交配，发出阶级分化信息素阻止雌性工蚁或工蜂生殖器官的发育，使它们严格按照工蚁或工蜂的级别做事。

有会大声喊叫的幼虫吗?

我呀,是守护地球的正义使者。

勇敢的超人……

他在搞笑吗?

啊,走太远了。得休息一会儿了。

嘟

你为什么在我家大吵大叫的?给我走开!

啊?

哦哟,你这只小幼虫胆敢……你找打吗?

你才不要找打呢,我可是有杀手铜的。

什么杀手铜……你使出来吧,使出来啊!

哎嘿哎嘿

幼虫们为了生存，彼此竞争并守卫着自己的领地。钩蛾的幼虫在自己的领地内发现侵入者时，首先用肚子上的突起扫过树叶发出第一次警告。假如未能吓退敌人，就用下颚敲打或摩擦树叶发出第二次警告。最后会两种警告同时发出，这种警告声在安静的房间内可传到4~5米之外的距离。

蜘蛛是不是昆虫？

现在我来介绍最后一位参赛者,是来自小树林的横带人面蜘蛛小姐。

这味道怎么还没散……

昂首 阔步

哇!

叮 咚~

呜哇。

太美了!

真漂亮啊。

那么,现在公布昆虫小姐大赛的获奖者。大奖是……

嘟 嘟 嘟…

12号,横带人面蜘蛛小姐!

哎哟哟,谢谢。

我就知道会这样。

那王冠授予仪式……

哎哟,真是个美好的夜晚。

另外我们特别奉上12只蚜虫作为奖品。

救命啊!

等一下!这个颁奖式无效!

哎哟,您这是干什么?

因为蜘蛛不是昆虫!

昆虫必须有翅膀及三对腿,而且要有头、胸、腹的构造。但蜘蛛不是这样的!

不相信的话请看这本书。

昆虫大辞典

怎么可能……

摇晃

蜘蛛只有头部与胸部,腿有四对……

摇晃

昆虫大辞典

不是的!肯定是主办方在捣鬼!

噗

露出真面目了。

噗

呜呜……

没办法,大奖发给第二名的屎壳郎小姐……

哦哟……这是哪儿修来的福气……

哎咦……真无聊,回家去吧。

冷场

我做得过分了吗?

不过你说的是事实啊……

那个,等一下!

六刺瘤腹蛛如何捕食?

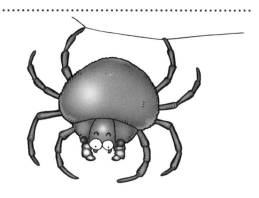

晃悠

晃悠

哦,这是什么?

啊,是我喜欢的味道。

啪嗒

啪嗒

咔

嚓

啊!

呀吼,抓住了!

怎么可能!原来那是蜘蛛丝,蜘蛛居然这样捕食,真震惊啊。

啪嗒

啪嗒

被骗了,呃……上火。

嘿嘿,我们六刺瘤腹蛛用蜘蛛丝像钓鱼一样捕食。

救救我吧……

会很好吃吧?

我要用六刺瘤腹蛛的捕食法把热狗钓上来，一起吃吧？

……

哎呀……恶心死了。你自己吃吧！

现在要挑战小猪存钱罐了。

六刺瘤腹蛛的雌蛛身长 8~10 厘米、雄蛛身长 2 厘米，身体呈红褐色。它将黏稠的唾液挂在蜘蛛丝下端，用来捕食空中经过的飞蛾。这种黏糊糊的唾液中含有一种特殊物质，可以引诱六刺瘤腹蛛的主要猎物——雄蛾。

蜘蛛网比钢铁更坚韧?

呀吼!

有没有人啊?

帮帮我啊!

请抓住这个。

刷啊

哦,是蜘蛛侠。

谢谢你了,不过蜘蛛网能承受得了我的体重吗?我有点重哎。

呜呜……

哈哈……您不知道啊,同等重量的蜘蛛网比钢铁还要坚韧5倍呢。

你就相信我,快抓住吧。

那……那我就试试看吧。

抓紧

嘟

咣当当

呃啊啊！

原来如此，我原本不知道……

傻瓜！蜘蛛网与钢铁一样粗才会有那么坚韧，蜘蛛网本来多细呀。

抽泣

其实今天是我第一天当蜘蛛侠。

这个骗子，让我碰上有你好瞧的！

啊哟……好恐怖啊。

哆嗦……

蜘蛛用坚韧而结实的线织的网其角度与设计非常精巧，安全性很高。所以很重的猎物挂在上面也不会断开。它比制作防弹衣的合成纤维材料——凯夫拉更有韧性。1999年,在加拿大进行了将蜘蛛的遗传基因植入山羊乳房细胞中的实验,据说成功地在山羊奶中分泌出了大量的蜘蛛丝蛋白质。

蜘蛛会捕食鸟和鱼吗?

我是守卫地球和平的正义使者!

我也是天下无敌的蜘蛛侠。

但在几天前被那个胖妞狠狠地揍了一顿。想想也觉得很恐怖……呜呜……

所以我决定去冒险,以便变得更强大。

出发!

啊……肚子饿得都快前胸贴后背了。

咕噜噜

啊!
吧嗒
吧嗒
蜘蛛居然在吃鱼……我却快饿死了。
好吧,我吓唬吓唬它,把鱼抢过来。
喂,你这只蜘蛛凭什么吃鱼啊!
?
蜘蛛就该有个蜘蛛的样子,吃点……苍蝇啊,蟑螂啊等昆虫!
什么?凭什么?你小子长得怪模怪样的……
这条鱼是我自己抓来的!你干吗妨碍别人吃饭啊?
啪
呃!
我就这样在水面附近等着,一看到有鱼经过就马上抓住了。
刷
啊!

不是的，大哥！让我来给你烤熟吧。

啊呜呜！

嗯……小子。

据说被世界上最大的蜘蛛——塔兰托毒蛛咬中的话，会产生严重的疼痛与精神错乱。

第二天……

我呀，是天下无敌的蜘蛛侠！

嘀哩哩……

咕噜噜

随他去吧。

塔兰托毒蛛是在热带及地中海地区、澳大利亚繁殖的蜘蛛。它们与一般的蜘蛛不同，会捕食鸟类或鼠类，其捕食法非常独特。塔兰托毒蛛不用蜘蛛网，而是躲在大树上，等猎物出现时就会跳下去将其抓住。虽然由于其大块头与多毛给人恐怖的印象，但其实它们性格很温顺。

蝎子被自己的毒针刺中会怎样？

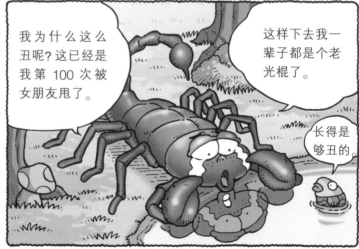

与其这样活着，还不如跳进水里……

一周后

呼咦

……

嗖呢

居然在水里待了一周都没死！

我又不是鱼，这是怎么回事呀？

蝎子不吃不喝也能活上一年呢，而且在水里待上一周也不会死！

什么嘛！

那你怎么不早点告诉我！

你什么时候问我了……

不过你为什么要寻死啊？

咦哟……这臭脾气……

问什么问！

用劲太小了吗?再来一次吧。

啪 啪

啊!

呃!

哎咦!

再来!

啪 啪 啪

两小时后

啪 啪 啪 啪 啪 啪

一百万零二十一,一百万零二十二……

是 120 吧。

蝎子对自己体内的毒有免疫性,就算被自己的针刺中也不会死……

分手真是分对了。

医院

小姐,有时间的话一起喝杯茶吧?呃嘿嘿……

呃咦哟,他这样所以才没有女朋友啊。

头盖骨骨折

虽然蝎子与昆虫同属于节肢动物,但蝎子不是昆虫。曾经有种传说,称蝎子被自己的毒针刺中后身亡了。但根据最近的科学证实,蝎子对自己的毒有免疫性,就算被自己的毒针刺中也不会死。越小的蝎子其毒性越强,是因为蝎钳的力量越弱,其毒性相对越强的缘故。

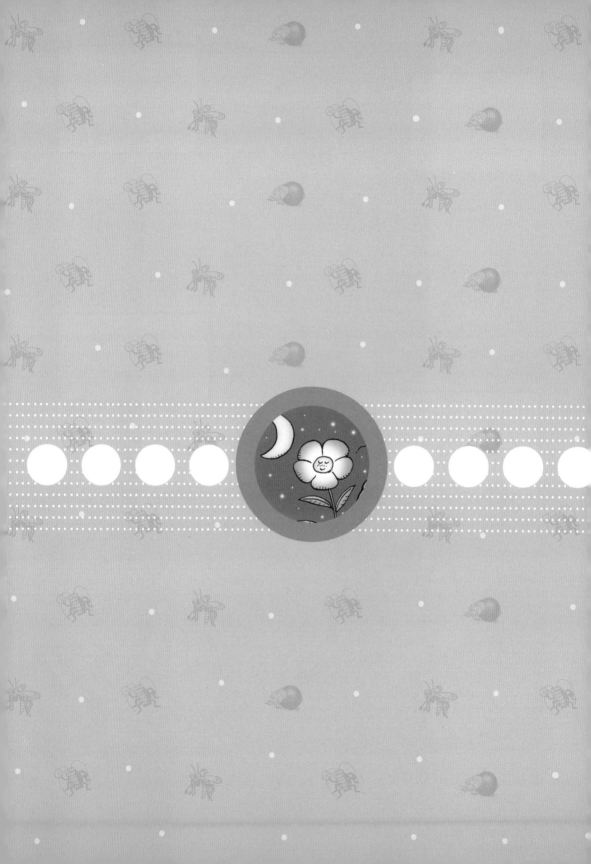

2

植 物

有捕食昆虫的植物吗？

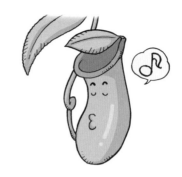

打扰一下,真的有那种植物。

啊!

那是真的吗?

看,我说的对吧。

空

心脏崩溃的声音

跟我来,我带你们现场去瞧瞧。

意志消沉?

就是这种叫猪笼草的植物。

静静生长的植物怎么能吃昆虫呢?没亲眼看见我就不信。

那我让你亲眼见见。

这种植物叶子的边缘有蜜腺,昆虫们会因为想吃花蜜而接近它。

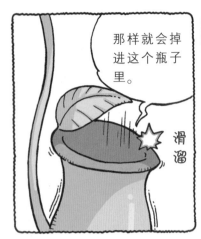

那样就会掉进这个瓶子里。

滑溜

瓶子里很滑，只要掉进去就很难爬出来。最终会溶化在里面。

成为植物的营养成分。

呜哇,好神奇啊。

原来是个恐怖的植物啊。

所以我才一直很小心的。

那么,我们先走了。

谢谢你。

谢什么。

对不起了,我不该怀疑你说的话。

不,没事的,我们是朋友嘛。

满足。

多美好的友情啊。

做了好事心里就是痛快啊。

……

捕食虫子的植物是由于其光合作用能力减弱,所以通过捕食昆虫来获取营养。代表性的植物是猪笼草,其捕虫的瓶子长度一般为15~20厘米,有的会达到60厘米。猪笼草的瓶子是由叶子进化而来的,入口处有蜜腺,可以吸引昆虫。另外,上方还有盖子,可以防止雨淋。

地球上最重的树木是什么树?

你知道地球上最重的树是什么树吗?

不知道……

是美国加利福尼亚州国立公园内的美洲杉。

据说树围有 31 米,重量居然达到 2145 吨。

另外,树皮的厚度为 61 厘米。

而且高度大约是 82.4 米……

别说了……

怎么了? 不想听吗?

因为……

60年后

终于做好能下去的绳索了。

真高兴啊，咳咳……

美国加利福尼亚州国立公园内的美洲杉是地球上最重的树木。这棵杉树的重量为 2145 吨、树围为 31 米、树皮的厚度为 61 厘米。这棵树高 82.4 米，据说其根部可以穿过汽车。用这棵树预计可制成 50 亿根以上的火柴，或建造 80 栋五间房屋规模的木制建筑。

有一被碰到就会装死的植物吗？

世界上神奇的植物真多啊。

哪些植物神奇啊？

巴西

有种叫含羞草的植物，被碰到时就会叶柄下垂，小叶片闭合。

你们是在说我吗？

啊，是含羞草！

它有那么神奇吗？

不能摸！

嗖

嗖

呃啊！不知不觉就摸了一下。

现在怎么办！你得负责！

含羞草是原生长于巴西的热带植物，因为它是有神经的植物，所以也称为"神经草"。含羞草全身布满细毛与小刺，高度能达30厘米。这种植物的特征是只要碰到它的叶子，它的叶柄就会下垂，小叶片就会闭合，30分钟后才能恢复原貌。另外含羞草对周围的亮度及热、电等刺激也会有所反应。

什么是植物的光合作用？

肚子好饿

公元 2300 年的地球……

好热……

呃……饿死了，为什么一点吃的都没有啊？

因为地球已经灭亡了，你这傻瓜。

咕噜噜

以前地球上生活着一种叫植物的生命体。

现在说那些有什么用啊？

因为植物就算不吃饭也……

也能够茁壮地生长……真怀念那个时候。

那它们也会吃东西吧?

严格来讲,可以说它们吃了阳光、水和二氧化碳吧?

植物用这些进行"光合作用"。

光……什么?

连光合作用都不知道,你还真够愚昧的。你没上过学吗?

太阳光

二氧化碳

光合作用就是植物利用太阳光、二氧化碳与水制造葡萄糖的过程。植物将这些葡萄糖作为能量源才能生存下去。

地球都灭亡了,我去哪儿上学啊?

说实话不用上学我很高兴……嘿嘿。

水

呃……说了这么多话，一点力气都没有了。

翻找

翻找

不能就这样死了……找找看有没有什么能吃的。

啊,是水啊。

刷啦

找到水了。

刷啦

真的? 那赶紧喝点吧。

等……等一下,我有个好主意。

我们也用这个进行光合作用吧。

有水有太阳的,难道我们就做不到吗?

你中暑了吧?

光合作用是植物将无机物转变为有机物的过程，植物用无机物的阳光、水与二氧化碳制成有机物葡萄糖。植物用葡萄糖做原料产生氨基酸后，与蛋白质进行合成，利用这种能量源生长。由于光合作用是在叶绿体中发生的，所以叶绿体分布最广的叶子上发生的光合作用最多。

为什么秋天枫叶会变红？

哇，枫叶红得好漂亮啊。秋天为什么枫叶会变红呢？

别吃了，看看风景吧！

你是猪吗？就知道吃！

我是猪没错啊……

想知道枫叶为什么变红吧？

咀嚼咀嚼。

是不是因为整个夏天狂晒太阳，到了秋天就变红了呢？

哦。

好像是那么回事呢……

树叶中含有一种叫叶绿素的绿色素,所以树叶会呈绿色。但秋天气温下降时,叶绿素会因低温而遭到破坏。同时由于树叶中还含有呈现黄色与橙黄色的类胡萝卜素及呈现红色的花色素苷,这些色素在春季与夏季被叶绿素覆盖,到了秋天则呈现出自己的颜色来。

有伴着音乐起舞的植物吗？

我的兴趣是欣赏音乐！

听着高雅的音乐休息一会儿。

咔

学校铃声
叮叮咚

那是高雅的音乐吗？

摇摆

摇摆

啊！什……什么呀？

是什么在动弹？

嗒

嗡地

奇怪啊,这房间里只有我自己……

是我看错了吗?

左瞧瞧

右看看

看来是最近没好好吃饭,都产生幻觉了。

♯ 两只老虎 两只老虎 ♪

摇摆

啊!

摇摆

呃啊啊! 有鬼啊!

嗒嗒嗒

博士,您小心点。没准鬼还在里面呢。

呃……你说一听音乐鬼就会出现?

抖

抖

啊哈……犯人就是跳舞草啊。

跳舞草？

跳舞草是一种听到音乐就会起舞的神奇植物。

尤其听到女性或儿童的歌声会跳得更好。

摇摆

摇摆

呜哇，真神奇啊。我养了这么久，还不知道它是什么呢。

谢谢您，请走好。

嗒嗒

沙

沙

沙

沙

●●●●

跳舞草听到音乐时小叶会向下旋转360度跳舞。跳舞草之所以会跳舞，其原理是：跳舞草能对音乐产生反应，起初叶身开始活动，叶身的根部——叶根部位也像关节一样活动。据说跳舞草对大声喊叫的反应较强，凌晨时其跳舞的幅度会更大。

如何知道树木的年龄?

在山上种棵树吧。

啦啦……

可不是吗?

做了好事心情就是好啊。

来了个生面孔。

你看起来不大,以后我们就叫你老幺了。

这是干什么?我也是30岁的人了!

什么,30岁?我才刚20岁。

那你以后就叫我大哥吧!知道不?!

怎么听都像在撒谎……怎么能证明呢。

那天夜里……

轰隆 隆 轰隆

呱 呲

呃啊!

年轮是由于季节的变化而形成的。年轮是只有树木才有的。春季与夏季气候温暖，树木生长迅速，分裂的细胞大而壁厚，颜色鲜嫩；冬季气温很低，细胞分裂的速度减慢，分裂出的细胞个儿较小，颜色很深。这两部分合在一起就表示一个年头。

有只在夜晚开放的花儿吗?

我是超人气漫画家!

撒谎。

为了名作品的诞生,一直在努力地作画。

所以在容易集中精力的夜晚工作。

然后早上开始睡觉。啊,好舒服……

但是在白天……

哎,小伙子大白天来赶集?

请给我5块钱的豆芽……

啊!

正是该努力工作的年纪……真寒心啊。

那位大叔好像是无业游民。

嘀嘀咕咕

长了一副懒骨头样。

哎,连他们也……

不是的!我不是无业游民!

我是超人气漫画家来着!

那,这是我画的漫画书……

看了这个,你们就了解我是多么有人气的漫画家了。

您去哪儿都随身带着这本书吗?

来。

嗯……

●●●

当奇大冒险

哎咦……没意思。第一次看这么无趣的漫画书。

浪费我的眼神。

啊!

这书多有趣啊。

啊嗯嗯……

我必须得在夜晚工作，却连一个理解我的人都没有。

太孤单了，呜呜……

啊？

其他的花儿几乎都凋谢了，只有这花在夜晚怒放着。

和我是同病相连啊，认识你很高兴，很高兴……

呜呜

……。

我叫月见草。我在夜晚开花，早上凋谢。

像我一样在夜晚开放的花还有紫茉莉、匏瓜花等。

因为在夜晚开放，所以要靠飞蛾的帮助才能授粉。

哦吼。

不同的花开放的时间也不同，植物学家认为其原因与帮助传授花粉的昆虫有着很大的关系。只在夜晚开放的花朵有紫茉莉、飑瓜花、月见草等，它们大都依靠夜晚活动的飞蛾传粉。此外还有在早上开放下午凋谢的花、开了之后就会一直开放的花等。

捕蝇草如何捕获昆虫?

等一下！

吃的东西还是抢来的最好吃。

这是第一件坏事，咔咔……

太无耻了，居然从跳蚤的嘴里抢吃的！

呜哎……

天气蛮热的，在这儿休息一会儿吧？

这个阴凉处不错啊……

不过蚊子，你知道这种植物的名字吗？

不知道呢。

我没怎么上过学……嘿嘿。

这种植物叫做捕蝇草。

昆虫来吃花蜜时叶子会下沉，它就瞬间将叶片闭合吃掉昆虫。

噌地

那不是糟糕了吗！

别担心，只要别碰这个感知绒毛就没事。它靠这个感知绒毛来感觉食物的存在。

花蜜

所以苍蝇你才很泰然啊。

那也挺恐怖的……

呵呵……有什么恐怖的，我先睡个午觉。

只要不碰这个绒毛就没事吧?

只要不……

碰这绒毛……

咔嚓

嘎!

妈呀!

喂,你干什么呀?不是说过让你别碰吗!

咔呜呜……对不起,好奇心作祟……

捕蝇草的捕虫叶内侧生有感知绒毛,被花蜜吸引来的昆虫假如碰到感知绒毛的话,用不了1秒钟叶片就会闭合将昆虫抓住,然后用约两周的时间将昆虫消化。据说捕蝇草的感知绒毛在被树叶或非生命体碰触时,叶片不会闭合,这是由于感知绒毛被碰触一次不会产生反应,被碰触两次才会引起叶片闭合。

花儿也会结婚吗？

植物的繁殖主要通过花朵来完成，花朵由雌蕊、雄蕊、花瓣与花托组成。花瓣是为了保护雌蕊与雄蕊而产生的，而将花瓣托住的就是花托。当雄蕊的花粉传到雌蕊上时就完成了繁殖，花粉的传递任务主要依靠蜜蜂或蝴蝶来完成。

大蒜发出蒜臭味的原因是什么?

呃咦哟……真是的。

粮食仓库

嘟嘟嘟

大蒜

大蒜大

减价三折

大蒜

你不知道大蒜对身体有很多好处吗？

大蒜不仅有抗癌作用及抗菌作用,而且……

我也知道……

不过大蒜太辛辣了。

那你就别吃啊……

小蜥啊,你知道大蒜为什么又辣又会发出一股蒜臭味吗？

为什么啊？

嗖

嗖

嗖

大蒜平时不会散发蒜臭味,只有在剥皮或被咬时才会发出味道。

这是大蒜的自我保护行为,为了不被其他动物或昆虫吃掉。

洋葱、辣椒、葱也用同样的方法来保护自己。

咣

呃呃!

咔咔咔……这俩小子看起来挺好吃的嘛。

呃昂……是太空海盗团啊。

妈呀

救……救命啊。呜呜……

咕 nep nep

那我们开始做菜吧?

细皮嫩肉的,一看就很好吃……

呃……这下我们死定了。

小……小蜥你张开嘴打个嗝。

打嗝?

大蒜平时没有臭味，但在被剥皮或咬开时则会发出蒜臭味，这是为了不被吃掉而发出的防御物质。这种臭味是大蒜细胞中的蒜精在酶的作用下变成大蒜素后发出的。据说大蒜素具有抗癌作用及抗菌作用，另外还有预防心脏病及预防中风的作用。

蘑菇是不是植物?

你把肉都吃掉吧，我只吃蘑菇。

真的?

这句话听起来真顺耳啊。

其实我是个素食主义者，比起吃肉来，我更喜欢吃植物。

咀嚼

咀嚼

植物?蘑菇?

呜哈哈，你以为蘑菇是植物吗?

当然了。

蘑菇不是植物而是菌类，你连这都不知道还吃?

傻瓜!

蘑菇是菌类，怎么可能?

突然一点胃口都没了……

不，不可能的! 我要亲自去问问蘑菇。

你不吃饭去哪儿啊?

味啦 味啦

植物 195

哈!

哈!

哈!

哈!

哦,终于找到了,蘑菇!

啊哟,吵死了。

它是谁呀?

你们在这儿呢,你们是植物吧?

我的朋友说蘑菇不是植物而是菌类。

我说过肯定还会有人来问这个问题的吧。

之前还来过一个长这样的小子。

是植物对吧?

我们蘑菇不是植物,我们又不像植物一样进行光合作用,也没有叶子和花朵。

蘑菇和真菌都不是植物,我们有菌丝,而且用孢子繁殖。

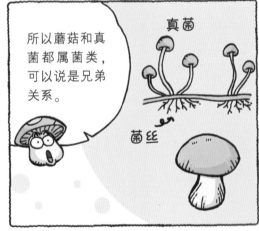

所以蘑菇和真菌都属菌类,可以说是兄弟关系。

真菌

菌丝

蘑菇与真菌是兄弟关系,虽然模样不同,但同属菌类。蘑菇也有菌丝,而且用孢子进行繁殖。拔蘑菇时可以发现茎部下端生长的白色菌丝,蘑菇用菌丝来吸取营养。由于蘑菇不是植物,不需要进行光合作用,也不需要很多的阳光,所以多生长在潮湿背阴处。